CHAOJI TANXIANJIA XUNLIANYING

超级探险家训练营

穿越喜马拉雅山

CHUANYUE XIMALAYA SHAN

知识达人 编著

成都地图出版社

图书在版编目（CIP）数据

穿越喜马拉雅山/知识达人编著.—成都：成都地
图出版社,2016.8（2021.5重印）
（超级探险家训练营）
ISBN 978-7-5557-0458-4

Ⅰ.①穿… Ⅱ.①知… Ⅲ.①喜马拉雅山脉-普及
读物 Ⅳ.① P943-49

中国版本图书馆 CIP 数据核字 (2016) 第 210456 号

超级探险家训练营——穿越喜马拉雅山

责任编辑： 陈 红
封面设计： 纸上魔方

出版发行： 成都地图出版社
地　　址： 成都市龙泉驿区建设路 2 号
邮政编码： 610100
电　　话： 028 - 84884826（营销部）
传　　真： 028 - 84884820

印　　刷： 唐山富达印务有限公司
（如发现印装质量问题，影响阅读，请与印刷厂商联系调换）

开　　本： 710mm×1000mm　1/16
印　　张： 8　　　　　　　字　　数： 160 千字
版　　次： 2016 年 8 月第 1 版　　印　　次： 2021 年 5 月第 4 次印刷
书　　号： ISBN 978-7-5557-0458-4
定　　价： 38.00 元

为什么在沼泽地中沿着树木生长的高地走就是安全的呢？"小老树"长什么样子？地球上最冷的地方在哪里？北极的生物为什么是千奇百怪的？……

想知道这些答案吗？那就到《超级探险家训练营》中去寻找吧。本套丛书漫画新颖，语言精练，故事生动且惊险，让小读者在掌握丰富科学知识的同时，也培养了小读者在面对困难和逆境时的勇气和智慧。

为了揭开丛林、河流、峡谷、沼泽、极地、火山、高原、丘陵、悬崖、雪山等的神秘面纱，活泼、爱冒险的叮叮和文静可爱的安妮跟随探险家布莱克大叔开始了奇妙的旅行，他们会遭遇什么样的困难，又是如何应对的呢？让我们跟随他们的脚步，一起去探险吧！

主人翁简介

卡尔大叔：华裔美国人，幽默风趣、富有超人智慧，爱好旅游，喜欢考察世界各地的人文、地理和动植物。

尤丝小姐：华裔美国人，卡尔大叔的助理，细心、文雅。

史小龙：聪明、顽皮、思维敏捷，总是会有些奇思异想，喜欢旅游。

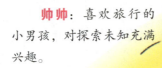

帅帅：喜欢旅行的小男孩，对探索未知充满兴趣。

秀芬：乖巧、天真，偶尔耍耍小性子的女孩，很喜欢提问题。

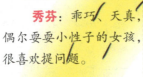

目录

欧洲大陆

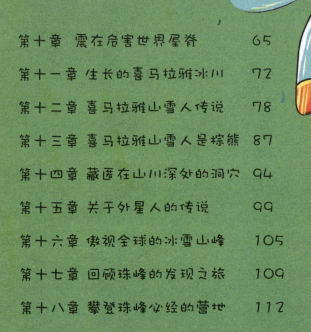

史小龙他们最近观看了一部讲述世界末日的电影，电影里面，喜马拉雅山让大海给淹没了。秀芬对此产生了怀疑，就跑去问卡尔大叔："卡尔大叔，喜马拉雅山真的会被海洋淹没吗？"

"以后会不会被大海淹没我不知道，但是从前它的确被大海淹没过。"卡尔大叔说道，"要知道喜马拉雅山可是世界屋脊，有不少东西值得我们前去探索和研究的哦！"

喜马拉雅山脉分布于青藏高原南缘，西起克什米尔的南迦一帕尔巴特峰，东至雅鲁藏布江大拐弯处的南迦巴瓦峰，长约 2500 千米，南北宽度约 200 千米至 350 千米。

在数千年的时间里，这座纯天然屏障影响着山脉两侧各民族的

文化交流，时至今日我们依然能清楚地分辨出生活在这座屏障两侧的人，无论是在外貌特征、生活习惯还是宗教信仰方面都有很大的不同。这座终年被冰川覆盖的高原山脉一直都是附近居民心中最理想的朝圣地，他们为这座冰雪圣地赋予了美妙的名字。生活在喜马拉雅山脉南侧的朝圣者在数千年前就注意到"世界屋脊"的雄伟和壮观，他们为这道天堑取名为雪域（Himalayas），翻译过来就是我们所说的喜马拉雅山。我国西藏人民也在数千年前就登上过喜马拉雅山脉的某些山峰，他们带着虔诚的心在那些山峰上留下藏族人民特有的痕迹，比方说用石块堆成的尼玛堆。如今要是有机会登上那些稍矮的山峰或许还能发现一些，它们静静耸立山顶，聆听着风雪之声。因为喜马拉雅山脉上的高峰常年积雪，所以藏民称喜马拉雅山脉是"冰雪之乡"。

　　喜马拉雅山脉所有的山峰都非常挺拔和尖锐。这些尖锐而挺拔的山脉有着共同的特征——两侧陡峭，高度参差不齐，并全都随山脉蜿蜒，扶摇直上。这是典型的侵蚀地貌，侵蚀作用在喜马拉雅山脉上，深深地切割出深不可测的峡谷和汹涌奔腾的河流。这样复杂的地质构造影响了山脉周围的气候，造成山脉两侧拥有两个截然不同的生态环境。

　　如今，科学家们通过航拍等技术制作出整个喜马拉雅山脉的模型，这才使得我们有机会一窥喜马拉雅山脉的全貌。通过模型，我们会发现，整个喜马拉雅山由四条平行的纵向山带组成，排列成向南凸出的弧形，所以从高空中往下看我们就会发现喜马拉雅山脉就像一弯巨大无比的新月。这几条山带的特征各不相同，科学家为这些山带取了名字，从南至北，它们被称为外喜马拉雅带、小喜马拉雅带、大喜马拉雅带和西藏喜马拉雅带。这些平均海拔达到 6000 米的山带组成了世界上最雄伟壮观的山脉。

　　喜马拉雅山脉中有 40 多座山峰的海拔高度超过 7000 米，如：世界第三高峰干城章嘉峰、世界第四高峰洛子峰、世界第五高峰马卡鲁峰、世界第六高峰卓奥友峰、世界第七高峰道拉吉里峰、世界第八高峰马纳斯鲁峰、世界第九高峰南迦帕尔巴特峰、世界第十高峰安纳普尔纳峰、世界第十四高峰希夏邦马峰，其中世界第一高峰珠穆朗玛峰，海拔高度 8848.86 米。由此可见，世界上最高的山几乎全部被喜马拉雅山脉给囊括了，所以把它称作"世界屋脊"一点儿都不为过。

"我以前只知道一个珠穆朗玛峰！"了解到喜马拉雅山脉里的众多高峰之后，秀芬惊叹道，"没想到喜马拉雅山脉还有这么多高山呀！"

卡尔大叔说道："所以，花费一些时间来探究一下喜马拉雅山脉是非常值得的！"

知识百宝箱

地球上最年轻的高大山脉

喜马拉雅山脉产生于"喜马拉雅运动",这次地球史上著名的造山运动大约发生在7000万年前的中生代晚期,一直持续到距今3000万年前的新生代早第三纪末期,也是距今最近的一次造山运动。虽然喜马拉雅山脉已经有几千万年的岁数,但相较于地球上的其他大型山脉,它确实只是个"小弟弟",比如说阿尔卑斯山脉的形成就早于喜马拉雅山脉!

第二章

源于大陆板块的撞击

"喜马拉雅山脉曾被海水淹没……"卡尔大叔对聚精会神的小朋友们讲述喜马拉雅山脉的起源。不过，他这句话还没说完就被秀芬打断了，她举手说道："卡尔大叔你在骗人吧，喜马拉雅山脉可是世界最高的地方，怎么可能被海水淹没？"

　　史小龙起哄道："就是，这又不是在拍电影！"

　　"大家安静。"尤丝小姐在一旁说道，"喜马拉雅山脉曾经的确被海水淹没过，大家不要着急，慢慢听卡尔大叔讲。"

　　卡尔大叔的确没有骗人，因为据地质学家研究证明，远在 20 亿

年前，我们现在所看到的喜马拉雅山脉的大部分地区都是汪洋大海，那些海拔高度达到 8000 多米的山峰根本就没有露出水面。20 亿年前的这片大海被地质学家们称为古地中海，这片大海在地球上存留了十几亿年之久。在此之间，海洋中进化出许多古老的海洋生物，有坚硬的贝壳类生物、三叶虫、鹦鹉螺以及各种叫不上名字的上古鱼类。如今，这些海洋生物的化石基本上都能在喜马拉雅山脉找到，因为那里曾是古地中海的海底，所以当有地质学家说"一锄头就在喜马拉雅山脉上挖出好几块三叶虫化石"这句玩笑话，你可千万不要以为他们是在吹牛。

　　古地中海一直持续到距今约 3000 万年前，这一时期被地质学家
称为新生代早第三纪。从这一时期开始，喜马拉雅山脉所在的陆地持
续发生地壳运动，整块大陆逐渐往下降，下降过程中，古地中海的海
底积累出厚达 30000 多米的海底沉积岩层。当大陆的下降运动停止
之后，在早第三世纪末期的时候，地壳发生了轰轰烈烈的造山运动，
这次造山运动在地质学上被称为"喜马拉雅运动"。在"喜马拉雅运动"
过程中，古地中海的海底逐渐隆起，最后浮出水面，于是如今的喜马
拉雅山脉地区就呈现出了陆地的状态。此时，"喜马拉雅运动"并未
停止，浮出水面的古地中海海底仍在升高，并最终形成雄伟壮观的庞
大山脉。在造山运动中期，古地中海的海底逐渐隆起，曾形成过不少
的岛屿，如今那些岛屿已经变成喜马拉雅山脉中耸入云天的世界高峰

印度洋板块

亚欧板块

了。事实上，"喜马拉雅运动"是一个长期并且从未停止的造山运动，地质学家经过实地考察之后指出，在第四纪冰期之后，喜马拉雅山脉所在地区又整体升高了约 1300 至 1500 米。如今，"喜马拉雅运动"仍在进行，整个喜马拉雅山脉地区还在上升。当然，这种上升的速度是极其缓慢的，数年才上升一两厘米的高度。

地质学家认为，这一时期的造山运动改变了整个地球的面貌，它在地球上"制造"出数条庞大的山脉，比如说蜿蜒在欧亚大陆交界处的山脉，这条山脉从阿尔卑斯山脉开始，一直延伸到东南亚山脉，而喜马拉雅山脉仅仅只是这一系列欧亚大陆山脉的组成部分。据统计，整个造山运动过程足足持续了 6500 多万年。

那么，致使欧亚大陆挤压出喜马拉雅山脉的巨大力量来自哪里

呢？美国休斯敦大学的教授给出了答案，经过一系列地质勘探之后，这些教授认为，使欧亚大陆进行挤压的力量来自印度洋板块和亚欧板块之间的撞击。休斯敦大学教授们的观点得到了许多地质学家的支持，不久之后，地质学家们建造了一个数据模型，用以还原印度洋板块和亚欧板块之间的撞击过程。在这个数据模型中我们可以看到，远在 18000 万年以前，欧亚大陆的南交界处还是一条巨大的海沟，这条海沟就是我们之前所说的古地中海。随后，贡德瓦纳超级大陆在地壳活动的推动下发生解体，分裂成多个碎块，印度大陆就是这时候形成的。印度大陆在形成之后的 13000 万年里逐渐靠近亚欧板块，在 5000 万年前后印度—澳洲大陆撞向亚洲大陆，印度次大陆受到推挤而逐渐沉入亚欧板块的底部，这就造成了亚洲大陆的不断升高。印度洋板块的不断撞击给亚欧板块施加了巨大的力量，于是亚欧板块与欧洲大陆发生挤压。受到挤压的古地中海慢慢变成陆地，那些较浅的地方则形成了如今的西藏高原。我们甚至可以想象到这样一个画面：在数块大陆的挤压下，原本还是一片汪洋的喜马拉雅山脉地区如同芝麻开花般地不断攀升，最终形成如今傲视群雄的"世界屋脊"，而这其实就是整个"喜马拉雅运动"的过程。

关于"喜马拉雅运动"的科学推论，世界各国的地质学家们仍然在继续研究考证中。也许在许多年后，关于喜马拉雅山的形成会有更科学、更严密的解释。

古老的三叶虫

　　三叶虫诞生于约 5.6 亿年前的远古海洋，因为背壳纵向分为三部分，所以才得名三叶虫。在距今 5 亿~4.3 亿年前三叶虫的数量和种类达到顶峰，当时，地球上所有的海洋里都有它们的足迹，不论是浅海还是深海都能找到它们的踪影。不过，三叶虫在 4.3 亿年之后就逐渐减少，在 2.4 亿年前彻底消失在地球上。通过研究三叶虫的化石，科学家们能够了解一些地球在四五亿年前的情况。

第三章

为之感动的古老传说

卡尔大叔正卖力地讲解大陆板块之间的撞击，史小龙打断他的话说道："卡尔大叔，有没有听着比较容易理解的东西呢？"

秀芬说道："是啊，那些大陆板块撞击什么的，听起来真的很费解呢。"

卡尔大叔想了想，说道："我这里倒是有一个跟喜马拉雅山有关的古老传说，不知道你们愿不愿意听？"

帅帅头一个拍手赞同道："当然要听啦，总比您讲的那些专业知识有趣吧？"

卡尔大叔点点头，开始讲述起这个在西藏高原广为流传的古老传说：

在很多年以前，喜马拉雅山脉地区还是一片浩瀚的大海，在蜿蜒的海岸后面是郁郁葱葱的森林和肥沃的草原。千万种叫不上名字的动植物都快乐地生活在这片世外桃源里，直到有一天，海里来了一条超

级巨大的毒龙，这巨型毒龙长着五个脑袋，拥有强劲有力的爪子。它像发了疯似的在海里搅起万丈巨浪，把岸上的森林和草原全部摧毁了。顷刻间，这片世外桃源成了人间地狱。就在飞禽走兽走投无路的时候，从大海的东方飞来五朵彩云，这五朵彩云就是天上的五位仙女，她们来到海岸边，一起施法制服了那条凶猛的五头毒龙。制服恶龙之后，仙女们就要回天庭复命了，但是这里的飞禽走兽舍不得仙女们离开，它们想尽办法挽留五位仙女，希望仙女们能跟它们生活在一起。最终，大地万物的诚心感动了仙女们，她们答应留在这里和万物生灵一起享受世外桃源的惬意生活。

因为五头毒龙的捣乱，这里已经变得满目疮痍，所以仙女们开始施展仙法重塑家园。她们施法让大海里的水全部退去，于是大海的东边成了无边无际的森林，西边变成了广阔而肥沃的良田，南边变成了落英缤纷的百花园，北边则变成了一望无际的大草原。完成这些工作之后，五位仙女也有些累了，她们最后变成五座高山。这五座高山分别是翠颜仙女峰、贞慧仙女峰、祥寿仙女峰、冠咏仙女峰和施仁仙女峰，它们就是喜马拉雅山脉的主峰，其中最高的翠颜仙女峰就是我们所说的珠穆朗玛峰，它们耸立在西边的天际，为世间万物守卫家园。为了感谢仙女们的帮助，人们每年都来到这里朝圣，还尊称珠穆朗玛峰为"神女峰"。

古代人民在无法探知喜马拉雅山脉成因的前提下发挥了他们的想象力，为后世留下了这样一个美丽的传说。这样的传说还有很多，它们无一不是在诉说人们对喜马拉雅山的崇敬。

然而，传说归传说，科学家们经过不断的探索和研究之后明确地告诉我们，喜马拉雅山脉的形成绝不是一朝一夕完成的，它的形成

得益于几千万年前的地壳活动。人类探究喜马拉雅山脉的形成也是一个漫长的过程，所有谜团的解开全都得益于一个叫魏格纳的德国人。

魏格纳是德国著名气象学家和地球物理学家。1910 年，在一次翻阅世界地图的时候，他突然发现一个奇怪的现象——非洲和欧洲西海岸的边缘和南美洲东海岸的边缘轮廓看起来非常相似。"如果把这两块大陆做成拼图板，是不是就能完好地拼合在一起呢？"魏格纳突然冒出这样的奇怪想法，然后就拿出剪刀把地图给剪了。让他感到不可思议的是，南美大陆凸出的巴西部分居然正好可以嵌入非洲大陆西岸的凹进部分！经过仔细研究之后，魏格纳发表了一个大胆的地质学说。他认为，在 3 亿年以前，世界上所有的岛屿和大陆都连在一起，形成一个庞大的原始大陆，这个原始大陆就是泛大陆。后来，泛大陆发生分裂，分裂开来的板块发生漂移，又经过 1 亿多年之后，这些由泛大陆分裂形成的板块最终形成了我们现在所看到的 6 大板块。这就是大陆漂移学说。

但是大陆漂移学说一经提出就遭到很多地质学家的质疑，他们纷纷指责魏格纳在散布谣言。如此庞大而坚实的大陆怎么可能像水面上的船只一样随波漂流？大陆的厚度又岂止几千米，怎么能够像拼图游戏那样拼来拼去？所以，魏格纳在很长一段时间里都饱受各方的嘲讽。直到 20 世纪 60 年代海底扩张学说提出之后，在大量证据的支持下，魏格纳的大陆漂移学说才得到人们的认同。随着现代地质学的迅猛发展，地质学家逐渐完善了魏格纳的大陆漂移学说，并完美地解释了喜马拉雅山脉的形成。如今，我们能在喜马拉雅山脉的岩层之中发现大量的远古海洋生物的化石，它们都在向我们诉说着发生在几千万年前的那次大冲撞的故事。

我们脚底下的大陆会漂移，那万一它们跟碰碰车一样撞在一起，那我们岂不是很危险？事实上，我们根本没必要担心会有这样的事情发生，因为大陆漂移速度非常缓慢，数千年都只会移动一丁点儿。但是地质学家提醒大家千万不要小看这一丁点儿的距离，经过亿万年的积累之后，它仍然能够改变整个世界的格局！说不定在亿万年之后的某一天，地球的某一个地方又会形成一座新的喜马拉雅山脉呢！

第四章

影响全球的气候密码

生活在喜马拉雅山脉两侧的人不论在生活习惯还是外貌特征上都有明显的差别，秀芬显然也发现了这一点，她指着电脑屏幕上的照片问道："卡尔大叔，你说说看，住在喜马拉雅山北边和南边的人为什么有这么多的不同呀？"

　　"原因就在于喜马拉雅山脉，它像一道天堑横亘在中间，影响了山脉周围的气候。"卡尔大叔解释道，"如今，这种影响已经扩展到全球，喜马拉雅山脉俨然成为影响全球的气候密码了。"

　　因为喜马拉雅山脉正处在亚欧大陆的交汇处，山脉纵向宽度达到200多千米，并且拥有令人惊叹的海拔高度。所以，喜马拉雅山脉能够阻挡住从北方过来的冷空气，这些冷空气本来是随着气流流向南边的。在阻挡了北方冷气流的同时，喜马拉雅山脉又阻碍了西南季风的移动，迫使西南季风中携带的大量雨水提前降落在印度一侧。于是我们就可以看到这样的奇特景观：喜马拉雅山南侧的雨水充沛，而西藏这一侧却见不到半点儿雨水，以至于连年干旱。例如，喜马拉雅山脉南边海拔约 2205 米的西姆拉的年均降水量约 1550 毫米，但是喜马拉雅山脉北侧海拔高度为 2288 米的斯卡度的年均降水量却仅仅只有约 160 毫米。

虽然一个世纪以来，地球南北两极成为全球变暖现象最明显的地区，但是在全球变暖的大环境之下，喜马拉雅山脉地区的气候也同样发生了翻天覆地的变化。在 1963 年到 2009 年的 46 年间，拉萨的温度每 10 年升高约 0.52℃。这个增幅要比北半球以及全球温度增幅大得多。气温升高所带来的破坏是非常巨大的：首先，喜马拉雅山脉表面所覆盖的冰层发生消融，许多冰峰都出现雪崩现象；其次，喜马拉雅山脉附近的大量冰川逐渐消失，这给附近的生态环境带来严重的破坏；最后，随着喜马拉雅山脉的冰雪消融，大量雪水涌入山脚下的河流致使我国西北地区的径流量增加了 10% 至 13%，这样的径流增幅直接导致洪涝灾害的频繁发生。

　　国外的气象专家很早以前就把喜马拉雅山脉与地球南北两极摆在一起进行研究，他们甚至为喜马拉雅山脉起了一个全新的名字——地球第三极。这些气象专家指出，南北两极的科研考察已经获得成功，许多国家都已经派遣科考队驻扎在南北两极，因此能够很快获得准确的第一手资料。而相比之下，科学家们研究喜马拉雅山脉的进展就要缓慢许多了，因为它地处高原，终年积雪，并且没有一条可行进的路线。许多气象学家都有被喜马拉雅山脉的冰雪高峰和无底深渊给挡回去的经历，他们只得"望峰兴叹"道："人类虽早已征服珠穆朗玛峰，却远未破解喜马拉雅山脉里隐藏的气候密码！"

虽然如此，科学家们探索喜马拉雅山脉气候密码的脚步并没有停止，他们指出，人类应该重视喜马拉雅山脉在最近几十年里的变化，全球变暖导致喜马拉雅山脉的冰川消融并非只危害到中国这一个地方。他们提出了一个假设，假如全球变暖的现象无法得到有效遏制，喜马拉雅山脉上覆盖的冰层就会逐渐消融，除了给山脉两侧带去大量径流之外，还隐藏了一个更为严重的后果。冰层消融之后，整个喜马拉雅山脉的海拔会下降很多，这会让它丧失"天然屏障"这个作用。到时候来自北冰洋的冷风可以直接进入南亚，为那里带去更多的降水。我们都知道，南亚诸国几乎都是洪灾频发的国家，当它们失去喜马拉雅山脉这道天然屏障之后，大量的降水就会频繁地带来巨大的洪灾。在南亚各国遭受洪灾侵袭的同时，我国青藏高原等地也会出现翻

天覆地的变化，失去阻挡物的印度洋热风将顺利地吹到青藏高原，为这些地区带来丰富的雨水。从此，这一地区干旱少雨的日子就会一去不复返。整个中国内陆将会形成一大片温带大陆性气候区域。

虽然全球变暖是个众所周知的事实，但气候总是千变万化的，我们只考虑到全球变暖对喜马拉雅山脉所带来的变化，却忽略了喜马拉雅山脉能否制约全球变暖。世界自然基金会曾发表声明称喜马拉雅山脉冰川的消融速度从未变慢，自20世纪90年代开始，这一地区的冰川和湿地就已经出现大范围的退缩，山脉附近的河流和湖泊出现严重的干涸现象。而中国科学院的专家则表示，对于那些悲观的论调我

们没必要太在意，他认为喜马拉雅山脉冰川消融之后会露出冰川下面的土壤，这有利于新植物群落的生长和繁殖。冰川融化将消耗大量的热能，特别是在冰块化成水的时候，所需要的热能就更多了。冰川消融消耗热能到一定程度就会使全球温度下降不少，全球升温的趋势将会得到有效遏制。

第五章

与众不同的植被分布

　　"整个喜马拉雅山脉都被厚厚的积雪覆盖，植物应该很难在那里生长吧？"史小龙突然问道。

　　秀芬忙说道："瞎说，你没听说过那里生长着天山雪莲吗？"

　　尤丝小姐打断他俩的话，说道："其实喜马拉雅山脉有很丰富的植被，因为受到特殊地理环境的影响，那里的植被分布也显得非常有趣。"

　　秀芬说道："有多有趣，快说说！"

"卡尔大叔最近研究了许多这方面的资料。"尤丝小姐一边领着大伙儿往卡尔大叔的工作室走去，一边说道，"走吧，咱找卡尔大叔去！"

他们来到卡尔大叔的工作室，卡尔大叔正在阅读一叠厚厚的资料。听了他们的来意，卡尔大叔放下资料，微笑着为他们解释起来。

根据海拔高度和降雨量进行分类，喜马拉雅山脉的植被一般被分为热带、亚热带、温带和高山带这4个植被类型。这4类植被能出现在同一座山脉上是非常奇特的事情，为此植物学家们感到不可思议。他们认为，造成喜马拉雅山脉植被如此复杂和迥异的原因就在于这一地区的气候、地形、光照和风量变化无常。西藏高原生物研究所的专家经过实地考察之后，他们发现喜马拉雅山脉北坡的植被要比南坡的植被更加复杂，在海拔高度和冷空气的影响下，北坡

植被中的植物种类和群落独具特色，而南坡则大多都是亚热带植被。研究发现，在喜马拉雅山脉北坡的植被中，常绿阔叶林的优势非常明显，常见到的是长梗润楠、聚花桂和通麦栎等月桂林类树木。在这几种常见的常绿阔叶树种当中，通麦栎显得尤为特别，因为它的换叶时间与其他树种不相同。一般树种的换叶都发生在干旱的冬季，而通麦栎则偏偏选择在温度和湿度都非常适宜生长的雨季进行换叶。

除了拥有独特的常绿阔叶林之外，喜马拉雅山东部和中部海拔约 2700 米至 3200 米之间还分布着世界上独一无二的云杉森林。这片庞大的云杉森林中拥有大量林芝云杉、西藏云杉等独特树种，此外，这些云杉林之中还分布许多高山栎类树木，这些高山栎与云杉呈松散混合，在喜马拉雅山脉的亚高山带形成非常独特的森林

景观。除了大量的云杉和高山栎之外，这一地区的植被中还零星分布着一些亚热带植物，比方说三桠乌药、箭竹、间型沿阶草等等。

热带雨林则只覆盖在东喜马拉雅山脉和中喜马拉雅山脉的丘陵地带，因为降雨量很大，这一地区非常潮湿，适合常绿龙脑香科类树木的生长，所以这里覆盖着大面积的常绿龙脑香科森林。此类树木的经济价值非常高，它们不仅是上等的木材，而且还能生产大量的树脂。在海拔高度为183米至732米之间的地带，则生长着大量铁木。竹子也生长在这一地带，它们大多长在陡峭的山坡上，那些峭壁上的土壤非常适合它们生长。再往高处走，在海拔高度为1097米至1737米的地方则生长着许多栎树，大多分布在尼泊尔中部，再高处

的喜马拉雅山被山地森林所占领。

喜马拉雅山脉的西边，因为雨量逐渐减少而热带落叶林开始逐渐增多，在海拔高度914米至1372米的地方生长着柳安等珍贵树种。继续往西，在海拔高度为1372至3353米的地方则出现了草原森林，在这里，半沙漠植被、亚热带草原依次出现。在草原的边缘则开始出现大量的温带阔叶林，其中就包含我们上面提到的几种常绿阔叶树种。除了不计其数的树木之外，喜马拉雅山脉地区还生长着大约4000多种开花植物，它们大多生长在东喜马拉雅山脉。

种类繁多的植物同时出现在喜马拉雅山脉高山带说明喜马拉雅山脉的综合生态环境非常优秀。一些在其他国家和地区才能见到的高山乔木也大量生长在喜马拉雅山脉地区，不同的是，生长在这里的高山乔木不论是外表还是躯干内部都要比其他地方的优秀许多倍。植物学家们甚至毫不掩饰地说道："生长在喜马拉雅山脉地区的树木绝对是世界上质量最好的树木，这一点儿也不夸张！"

喜马拉雅山哪哒草

常年被冰雪覆盖的喜马拉雅山脉人迹罕至，成了许多珍稀植物的保护所。迄今为止，人类所发现的约35%珍稀植物生长在喜马拉雅山脉。譬如说，制作哪哒香膏的哪哒草。哪哒草属于甘松，是多年生草本植物。因为其根茎部位含有一种非常罕见的油脂，这些油脂所制成的哪哒香膏奇香无比，胜过世界上任何一种香料，加上哪哒草数量稀少且只生长在喜马拉雅山脉上，因此非常昂贵。

第六章

喜马拉雅植物在台湾

讲完喜马拉雅山脉的植被分布之后，卡尔大叔突然说道："你们知道吗，喜马拉雅山脉地区和宝岛台湾这两个地方的植被有很多相似的地方哦！"

"您的意思是说喜马拉雅山上的植物跑到台湾去了？"史小龙惊讶道，"那怎么可能呢，植物又没有长脚！"

卡尔大叔笑道："大家不要惊讶，台湾岛上的大部分植物的确起源于喜马拉雅山脉。"

很多人在听到这样的说法时都非常惊讶，因为台湾岛离喜马拉雅山脉相隔数千千米，喜马拉雅山上的植物怎么可能跑去台湾岛呢？

况且中间还隔着一道海峡呢!

　　科学家专程前往台湾的合欢山进行实地考察，在地势陡峭的梨山，他们发现了大片亚热带常绿阔叶林，它们分布在陡峭的山地上，这和喜马拉雅山东侧的森林分布极为相似。这样的相似引起了专家们的注意，经过调查之后他们赫然发现，这里的常绿阔叶林里居然生长着许多喜马拉雅山植被中的亚热带树种，比如刺栲、香楠、昆栏树、天竺杜英等，只要是在喜马拉雅山脉东坡植被里发现过的树木都能在这里找到。这样的发现引起专家们的浓厚兴趣，他们继续往上搜寻，在海拔2200米的二子山周围他们又有了惊人的发现，生长在这里的台湾铁杉居然跟喜马拉雅山脉东侧的铁杉树有很多的相似之处。当专家们攀爬到海拔2600米的时候，眼前突然出现大片冷杉林。经过分析之后专家非常肯定地指出，这些杉木就是喜马拉雅山杉木的变种。

当专家们攀爬到山脊线上之后，所有植被分布便一目了然了：在北合欢山脊线附近生长着很多低矮的台湾铁杉，台湾铁杉之上则长满了大量的玉山圆柏，玉山圆柏林中间又生长着大量的玉山杜鹃；北合欢山的阴面铺满了浓绿的玉山箭竹，山坡的低洼处则生长着玉山龙胆、台湾龙胆、马先蒿、玉山蔷薇等低矮的植物。

这样的景象让专家们震惊不已，因为北合欢山上的植被分布与东喜马拉雅山脉上的是如此相似，以至于他们都有些困惑此时此刻到底是身处台湾岛

奇莱山

合欢山主峰

还是喜马拉雅山。那些遍布山头的玉山圆柏明显就是喜马拉雅高山圆柏的同种；龙胆、马先蒿、杜鹃本身就是喜马拉雅山脉上广泛分布的植物，而玉山蔷薇就是青藏高原绢毛蔷薇的变种。更加让人感到惊讶的是，生长在合欢山上的一些植物甚至根本就没有发生变种，它们拥有完全纯正的喜马拉雅血统。

是什么原因导致这两个地方的植被如此相似呢？那些只生长在中国大陆西南海拔很高的山地上的植物是如何跨越广袤的亚热带地区和波涛汹涌的大海来到台湾的呢？假如只是某一个树种被移植过来那还是想得通的，但事实上台湾岛上的植被就像是直接从喜马拉雅山脉整体迁移过来的，这当中到底有着怎样的秘密呢？

原来，这一切都源于 3000 万年前的地壳运动。在 3000 万年前

的早第三纪，喜马拉雅山脉和台湾岛现在所处的地方全都淹没在大海之中。在第三纪中晚期的时候，因为各大陆板块的冲撞引发"喜马拉雅运动"，在这次造山运动中，地处欧亚板块南端边缘的喜马拉雅山脉和地处欧亚大陆东边的台湾岛同时隆起，浮出海面，成为一对新生的"双胞胎"。当时，台湾岛和整个欧亚大陆是连接在一起的，因此分布在如今沿海地带的热带及亚热带森林首先来到台湾高地，在这里形成新的植被。与此同时，古地中海退出喜马拉雅山脉地区之后，喜马拉雅山脉北边的青藏高原开始生长出大片的热带和亚热带植被。因此，这两个地方的植被拥有最直接的亲缘关系。到了晚第三纪的时候，海洋向欧亚大陆侵入，在如今的中国东南沿岸形成宽达 80 海里的海峡，将台湾与亚洲大陆分开。从此，台湾岛上的植被迈上了独自发展的道路，并进化出许多植物变种。

第七章

亚洲大陆的河系源头

在卡尔大叔为大家解开台湾植被和喜马拉雅山脉植被同宗之谜的时候，秀芬开始注意到喜马拉雅山脉周围的河流。她向卡尔大叔问道："卡尔大叔，咱们的长江是不是就是发源于喜马拉雅山脉的呀？"

卡尔大叔说道："不是的，长江是发源于唐古拉山脉的。"

"我看喜马拉雅山脉脚下就没什么出名的河流。"史小龙在一旁吐舌头说道。

帅帅说："那怎么可能呢，喜马拉雅山脉长约 2500 千米，长得吓人呢！"

卡尔大叔笑道："喜马拉雅山脉下的河流多着呢，喜马拉雅山脉

就像是一座巨大的水库，发源于此的河流两个手掌都数不过来呢！"

卡尔大叔的话一点儿都没错，发源于喜马拉雅山脉的河流总共有 19 条之多，这些河流大多分布在亚洲大陆，最为著名的就是印度河和布拉马普特拉河，也就是我们熟悉的雅鲁藏布江。其他起源于喜马拉雅山脉的河流则分别汇入这 3 条流域面积较大的主要河流。其中，杰纳布河、杰赫勒姆河、贝阿斯河、拉维河和苏特莱杰河这 5 条河流归属于印度河水系；恒河、亚穆纳河、卡利河、卡尔纳利河、拉姆甘加河、巴格马蒂河、拉普提河、戈西河和根德格河这 9 条河流归属恒河水系，剩下的蒂斯塔河、玛纳斯河和赖达克河这 3 条河流归属雅鲁藏布江水系。这些河流蜿蜒流淌在喜马拉雅山脉的两侧，成为喜马拉雅山脉两侧人民赖以生存的生命之河。

印度河发源于喜马拉雅山脉的凯拉斯峰东北部，它从喜马拉雅山脉和喀喇昆仑山脉之间穿过，然后向南奔流，在贯穿喜马拉雅山之后与喀布尔河交汇，之后则流经古印度文明发源地——五河之地，最后经巴基斯坦流入阿拉伯海。远在几千年前，印度河就承担着两岸的农业灌溉。到了现代，印度河的农业灌溉作用更加明显。

除印度河之外，另一条发源于喜马拉雅山脉的大型河流就是雅鲁藏布江。雅鲁藏布江是世界上海拔最高、坡度最大的河流之一，它发源于喜马拉雅山脉北面的杰马央宗冰川，在绕过喜马拉雅山脉东边的南迦巴瓦峰之后，雅鲁藏布江就朝南流出我国境内。雅鲁藏布江水流量巨大，在大拐弯处形成的雅鲁藏布江大峡谷则是世界上最长最深的大峡谷。雅鲁藏布江在藏语中的意思就是"高山流下的雪水"。事

实上，雅鲁藏布江并不只发源于喜马拉雅山脉，它的源流有三支：北边的支流叫作马容藏布，发源于冈底斯山脉；中部支流叫作切马容冬，是三条支流中水流量最大的一支，所以也被称为雅鲁藏布江最主要的河源；南边支流叫作库比藏布，发源于喜马拉雅山脉，每年夏季的水流量非常大。这三条河源汇合之后流到里孜的这一段被称为马泉河。马泉河是雅鲁藏布江的上游，是典型的高寒河。里孜之后的雅鲁藏布江被称为达卓喀布，里孜至派区这一段是雅鲁藏布江的中游，大量支流在这里汇入雅鲁藏布江，使干流中的水流量猛增。雅鲁藏布江中游河谷宽敞，水流平缓，河两岸的气候也很温和，所以这里是西藏农业最发达的地方。过了派区之后，雅鲁藏布江开始穿行在高山峡谷

之中，并在南迦巴瓦峰附近冲刷出举世闻名的雅鲁藏布大峡谷。

雅鲁藏布江的水流量非常大，又因为上下落差巨大，雅鲁藏布江的水能蕴藏量也大得惊人，仅次于长江。

听完以上叙述之后，秀芬感叹道："原来喜马拉雅山脉还是这么多著名河流的源头呀！"

"所以说，科学家们把喜马拉雅山脉当作整个亚洲大陆的大水塔一点儿都不为过！"卡尔大叔总结道。

知识百宝箱

雅鲁藏布江下游

　　雅鲁藏布江出境之后，流经印度的那一段被称为布拉马普特拉河，而流经孟加拉国并最终注入孟加拉湾的那一段则被称为贾木纳河。虽然这条河流因为水流量巨大经常引发洪水，但是在引发洪水的同时，它也为流经地区带来大量肥沃的冲积土壤，这些土壤非常适合农作物生长。此外，这条河流下游非常适合航运，大型轮船可以满载货物顺畅地往返于河流之上。最后值得一提的是，雅鲁藏布江下游所蕴含的发电能力也非常巨大，而且这种能力在将来会有机会得到利用。

第八章

正在碎裂的地球水塔

"难道那里的水流之不尽吗？"秀芬惊讶地问道。

史小龙说道："当然啦，卡尔大叔都说了，喜马拉雅山脉是地球的水塔呀。"

帅帅也说道："就是，那里被称作'地球第三极'，那么大的冰川，怎么可能随随便便就流完了呀。"

卡尔大叔摇摇头说道："事实上，秀芬的担心不无道理，现在全世界的冰川都在慢慢融化，喜马拉雅冰川也不例外。"

全世界的冰川面积大约有 1600 万平方千米，这些冰川的淡水储

存量达到近 2406 万立方千米，差不多占全世界淡水总量的 7/10 了，足足是全球淡水湖泊和淡水河流总水量的 120 倍。这些冰川除了大量分布在地球南北两极之外，还有一大部分就分布在喜马拉雅山脉地区。目前，喜马拉雅山脉的冰川正在消融，这是所有人都不愿意看到的，这意味着依靠喜马拉雅山脉提供水源的欧亚大部分国家将会面临缺水的严重后果。

我们都知道，冰在温度高于

0℃的时候就会化成水，同样的道理，喜马拉雅山脉上的冰川也会在温度升高之后化成水，这些冰川融水流入喜马拉雅山脉周围的河流中，惠及人类。譬如说我国青藏高原干旱地区的农业灌溉及日常生活用水就依赖着这些冰川融水。依靠冰川融水灌溉农田是一个非常普遍的现象，并不只是出现在我国青藏高原，比如说在欧洲的阿尔卑斯山脉地区、北美的沿岸山脉地区以及斯堪的纳维亚半岛等拥有高山冰川山脉的地方，都有着类似现象，所以冰川融水的作用是举足轻重的。人类早就意识到冰川融水的作用，所以许多冰川山脚下都建有大型水库，这些水库除了能储藏大量淡水资源之外，还能用来发电。瑞典人就在阿尔卑斯山脉脚下建造了大型水库，整个瑞典所使用的电能有一半就来自于这个水库的发电机组。

但是这一切都要建立在冰川的正常融化上，一旦冰川的融化速度超过正常值，那么我们所面对的后果将不可设想。然而，种种迹象都在表明，全球冰川正在以惊人的速度消融。科学家们无奈地宣布，如果按照目前的消融速度，喜马拉雅冰川的面积将在未来 35 年之内缩小 1/5。这是多么惊人的数据啊！

那么喜马拉雅冰川的快速消融会造成哪些严重的后果呢？首先，喜马拉雅山脉上所覆盖的大面积冰川可以大量反射太阳光，有助于周围区域的气温不至于上升太快，有效遏制全球变暖。一旦这些冰盖发生融化，裸露在外的喜马拉雅山脉地区就会大量吸收太阳光带来的能量，这些热能会加快其他冰盖的融化速度，这样连锁反应的恶果就是导致全球变暖速度加快。此外，喜马拉雅山脉上流下来的大量冰水进入河流湖泊之中，会给那里的生态环境造成不可逆转的破坏；其次，如果喜马拉雅山脉的冰川还按照现在的速度消融下去的话，在未来的 5 至 10 年当中，尼泊尔和不丹境内的冰川湖湖水将会暴涨，继而决

堤，致使这两个国家出现大范围的洪涝灾害。不仅如此，喜马拉雅冰川的冰融水还会使印度河和恒河水位大幅度升高，引发更大的洪灾。最后，当喜马拉雅冰川消融殆尽之后，喜马拉雅山脉两侧的大部分国家将会出现严重的旱灾，因为他们的"水库"干涸了。这样的现象已经开始发生，比如说印度北部和秘鲁大部分地区就因为冰川过快消融而严重缺水。除了上述几个非常明显的危害之外，喜马拉雅冰川的消融还将带来许多意想不到的严重后果。冰川消融在破坏山脉周围生态环境的同时，还会将几万甚至几十万年前藏在冰川之下的上古微生物暴露出来，这些微生物有可能危害到人类和动植物的健康。

是什么原因导致了喜马拉雅冰川过快消融呢？科学家们首先想到了全球变暖，在对不丹及尼泊尔境内的 3929 个冰川和 4997 个冰川湖进行了长达 3 年的观测之后，得到的数据显示，这一地区的气温比 20 世纪 70 年代升高了 1℃。温度的升高直接导致这一地区冰川的崩裂和消融。除了人类目前无法遏制的全球变暖的威胁之外，喜马拉

雅冰川还受到我们人类的破坏。我国科学家指出，人口膨胀、畜牧业增长、乱砍滥伐和过度开采地下水等因素已经对喜马拉雅冰川构成了直接威胁。

鉴于喜马拉雅冰川的过快消融已经带来许多灾难，联合国环境规划署的负责人向全世界发出了警告——人类应该尽快想办法遏制全球变暖的脚步，以降低喜马拉雅冰川的消融速度，因为拯救喜马拉雅冰川就是在拯救我们人类的生命！

知识百宝箱

喜马拉雅山脉的雪线

地质学家所测得的喜马拉雅山脉雪线南侧约 5500 米，北侧约 6000 米。造成喜马拉雅山脉南北雪线高度不一样的原因是山脉两侧气候的不同。喜马拉雅山脉南侧气温稍高于北侧，长期受印度洋西南季风影响，所以南侧降雪量比北侧多很多。而北侧空气干燥，每到夏季就会出现雪层融化的现象，所以才会出现北侧雪线高于南侧雪线的现象。

第九章

与冰川同命运的河流

　　卡尔大叔在电脑上演示了喜马拉雅冰川消融所带来的毁灭性灾难，看着电脑屏幕里洪水肆虐的场景，秀芬发出感慨："天啊，喜马拉雅冰川消融之后真的能造成这么巨大的灾难吗？"

　　史小龙一脸的不相信，他说："秀芬，你别担心，卡尔大叔肯定是在吓唬我们，冰川怎么可能一下子就融化掉呀！"

　　帅帅说道："小龙，难道你不看新闻的吗？最近东南亚那边又发生洪灾了哦。"

　　卡尔大叔说道："喜马拉雅冰川的消融并不只会带来洪灾，洪灾过去了，旱灾就不远啦！"

　　卡尔大叔说得一点儿都没错，他在电脑上给小朋友们演示的洪

水、海啸、干旱交替而行的巨大灾难根本就不是在吓唬人。如今，那些灾难已经发生在喜马拉雅山脉的周围地区了，位于喜马拉雅山脉南侧的几个国家就深受其害。有关专家指出，在过去的一个世纪里，喜马拉雅山脉南侧地表的气温上升了 0.4℃，这个看似微小的变化造成了冰川的快速融化，那些千百年来都纹丝不动的冰川已经开始移动了。

喜马拉雅冰川的变化看起来极其微小，但它所带来的灾害却是巨大的。比如说位于喜马拉雅山脉南侧的数条河流每到雨季就会出现洪涝灾害，而到了干旱季节上游部分却又滴水不降，这种极端的现象在以往是不大可能发生的。世界气象组织预测未来一个世纪之内喜马拉雅山脉南侧地区的气候变化趋势：第一，降雨量继续增大，特

别是在那些气候差异较大的地方，降雨量将会增加15％到40％；第二，因为喜马拉雅冰川的逐渐消融，它对周围地区气候环境的调节能力就大打折扣，在雨季和冬季之后那些地区的气温将上升得更快，保守估计，一个世纪之后的喜马拉雅山脉南侧地区的气温将比现在高出3℃到6℃。这样的后果就是，温度不断升高，冰川不断消融，最终当喜马拉雅冰川消融殆尽之后，那些养育了亿万人类的河流就将消失在我们眼前。

这绝非杞人忧天，因为那些河流的大部分水源就来自于喜马拉雅冰川的冰融水。那么喜马拉雅山冰川的消融真的有那么快吗？答案是肯定的。曾经来自尼泊尔的探险者在珠穆朗玛峰海拔5000多米的地方发现了一些苍蝇，这让他们感到有些奇怪，因为这种海拔高度，气候条件是非常不适合昆虫生存的。此外，探险者还在喜马拉雅山脉海拔5300米的地方发现非常清晰的雪线，在那里，黝黑的岩石已经暴露在阳光下了。这让探险者感到震惊，因为在几十年前这里的冰层还有数十米的厚度。其实，冰层融化岩石裸露出来的景象是非常普遍的，素有"恒河三角洲之源"之称的甘戈特里冰川就是这样的，一些苦行僧就毫不隐讳地形容那里的景象——曾覆盖在山顶的冰层和积雪都消失了，留下的只有光秃秃的岩石，那里的天空中还有乌鸦和鸽子在飞翔，冰川似乎变成了平原上的小山坡。科学家们对甘戈特里冰川进行了详细的调查，他们发现这里的冰川消融速度比之前快了一倍多，正在以每年 10 米到 15 米的速度退缩。假如一直保持这种消融速度的话，甘戈特里冰川将会在 2030 年正式离开人们的视线。

因为喜马拉雅冰川的过快消融，恒河、印度河等喜马拉雅山脉南侧河流的洪灾发生率已经从 10 年 1 次增加到 1 年数次，频发的洪灾在这些河流的两岸肆虐，将会给喜马拉雅山脉南侧的广大地区造成严重影响。拿恒河三角洲作例子：恒河三角洲总面积约 10 万平方千

米，是全球人口最密集的地方之一。但是，如今这里已经成为被洪灾和海啸袭击次数最多的地方了。因为流经这里的恒河接纳着喜马拉雅冰川的绝大多数冰融水，当喜马拉雅冰川的冰融水量增大之后，洪灾就不可避免了。2009年，在经过一次洪灾袭击之后，当地一位居民的房屋被洪水冲走，他向记者倾诉道："我现在最想要的就是一座属于自己的房子！"

　　然而，全球冰川快速消融所带来的危害远不止于此。在给恒河、长江、印度河等亚洲7大河流带来巨大洪涝灾害之后，冰川融水将大量减少，这些养育着全球约40%人口的河流水位将大幅度降低，不少地区就会出现极其罕见的旱灾。到2035年的时候，那些冰川将完全消失，发源于此的大部分河流将面临干涸的危险。在这些河流当中，恒河将最先淡出我们的视线，然后就是印度河、雅鲁藏布江……

"难道我们就无法阻止这一切吗？"秀芬在听完卡尔大叔的讲述之后，不无遗憾地问道。

　　"如果我们还不尽快想出遏制喜马拉雅冰川消融的办法的话，就可能在几十年之后与那些河流说再见啦！"卡尔大叔回答了秀芬的问题，然后说道，"只是喜马拉雅山脉面临的又何止冰川消融这一个问题。"

卡尔大叔接着上一次课题继续给秀芬他们讲喜马拉雅山脉所遇到的问题。他让尤丝小姐在电脑上播放了一则消息，这则消息来自美国一家权威周刊：一场毁灭性大型灾难正在朝喜马拉雅山脉地区迫近，这场大型灾难将包含一次或者数次震级超过里氏 8 级的特大型地震，生活在喜马拉雅山脉地区的 5000 多万人口将受到最严重的威胁。著名地质学家比尔汗、莫尔纳及物理学家古尔多许多年来共同研究喜马拉雅山脉的地质构造，通过对这一地区的地质运动的分析，他们向全人类发出了这个警告，并呼吁全人类积极做好防震抗震工作。

"这已经是多年前的消息了！"卡尔大叔解释道，"虽然喜马拉雅山脉地区暂时还很平静，但特大地震随时都有可能光顾那里！"

那么地质学家为什么会认为喜马拉雅山脉地区将会发生特大地震呢？原因就在于喜马拉雅山脉所在的地方是印度洋板块和亚欧板块汇合的地方。在几十亿年前，印度次大陆还没有和亚洲大陆连接在一起。不过，它并没有停止朝亚洲靠拢，在 4000 万年前，印度次大陆终于与亚洲大陆发生碰撞，喜马拉雅山脉就是在这次碰撞中产生的，在喜马拉雅山脉逐渐爬升到现在这个高度的过程中，两块大陆结合处不停地发生着地震。在几千万年前所发生的地震是极其恐怖的，它们最终改变了喜马拉雅山脉的地貌。如今的印度洋板块仍然在向亚洲大陆撞击，只是这样的撞击相较于几千万年前来说已经小很多很多了。地质学家发现，印度次大陆就像一辆庞大

喜马拉雅山脉

Ms 8.0

的推土机，不断地朝亚洲大陆推进，每年都会向亚洲大陆推进 3 毫米。这样微小的挤压所带来的巨大压力被青藏高原与印度板块相连接的区域所吸收，因此没能产生巨大的地震，但是这并不代表地震就不会发生。地质学家指出，即便是在现在，喜马拉雅山脉地区还在时刻发生着地震活动，只是这些地震非常微小，人类感觉不出来罢了。

很多小朋友就会纳闷了，既然两块大陆挤压出来的强大力量被吸收和释放了，那么特大地震又从何而来呢？地质学家早就意识到

大家会有这样的疑问，他们指出，目前来看

大陆板块挤压出来的强大压力会被中间区域慢慢释放

和吸收，但是印度次大陆向亚洲大陆推进的步伐并没有停止。

两块大陆所挤压出来的力量会越积越大，等到中间区域无法吸收和

释放之后，这些巨大到我们无法计算的强大力量就会一次性释放出

来。那时，特大地震就会接踵而至。

喜马拉雅山脉附近曾多次发生地质灾难，比如发生在东南亚和中国青藏高原的强烈地震。

　　面对地震，人们能做的只有预防工作，比如，抓紧时间调整房屋的结构，增强建筑物的抗震性；加大力度普及抗震防震知识，让人们拥有抗震自救的能力。

史上最大地震

一般来说，科学家公认的世界最大地震是发生在1960年5月21日下午3时的智利大地震。此次地震震级为9.5级，是有仪器记录以来最大的一次地震。地震震中区域内数十万栋建筑遭到破坏，不少地方在数分钟内下陷两米多深。地震中，瑞尼赫湖区出现3次罕见的特大滑坡，导致瑞尼赫湖水面陡然升高24米，大量湖水倾泻而出，淹没了整座瓦尔迪维亚城，导致100多万人无家可归。此外，智利大地震还引起了特大海啸，给不少国家的沿海地区带来灾难。

第十一章

生长的喜马拉雅冰川

秀芬在看完有关喜马拉雅山脉地区即将发生特大地震的消息之后，脑海里出现了四川汶川大地震发生时的惨状，她有些担心地说道："天啊，难道喜马拉雅山脉真的逃不脱崩塌的厄运了吗？"

史小龙和帅帅也被秀芬感染了，纷纷担心地感叹起来。他们担心喜马拉雅山脉会在地震中崩塌的表情把卡尔大叔逗乐了，他笑着说道："大家也没必要担心成这个样子，最近地质学家们又有了新的发现，他们发现喜马拉雅山脉不仅没有崩塌，上面的冰川还在长大呢！"

"真的吗？"秀芬、史小龙和帅帅一齐问道。

"就知道你们不相信，幸亏我早就有所准备！"卡尔大叔对小朋友们说道，然后请尤丝小姐取来他准备好的资料，开始给小朋友们讲述喜马拉雅冰川不减反增的奇怪现象。

　　虽然有21%的喜马拉雅冰川没有出现过快消融的现象，但其他大部分冰川已出现了不同程度的退缩。许多地质学家都认为全球变暖是喜马拉雅冰川过快消融的主要原因，然而，研究小组里的地质学家却发表了新的看法，他们认为全球变暖可能不是主要原因，因为有些冰川不仅没有过快消融，反而在过去几十年中增长了不少。专家利用卫星探测等高科技技术跟踪观测了恒河、印度河和雅鲁藏布江流域内的大部分冰川。令大家感到惊讶的是，居然有435座冰川在5年中扩大了。毫无疑问，这一发现让许多持悲观态度的地质学家稍稍松了一口气。

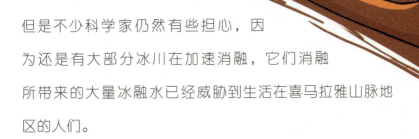

但是不少科学家仍然有些担心，因
为还是有大部分冰川在加速消融，它们消融
所带来的大量冰融水已经威胁到生活在喜马拉雅山脉地
区的人们。

　　地质学家表示，大量的冰融水会在喜马拉雅山脚下形成很多不
稳定的湖泊，这些湖泊对处在下游地区的村庄来说就像是定时炸弹一
样危险。如果这些湖泊里贮存的都是水的话倒还好说，但如今的问题
是，这些湖泊里的水通常都是由松散的冰碴组成的，一旦湖泊决口，
携带着大量冰碴的湖水所带来的毁灭性打击将比普通洪水大好几倍。

如今，当科学家发现喜马拉雅冰川有生长的迹象后，不少居住在喜马拉雅山脉地区的人们又开始乐观起来。那么喜马拉雅冰川到底有没有在生长呢？

为了解答这个疑问，一个来自国外的研究小组进入了喜马拉雅山脉地区。观测卫星拍摄的照片显示，喜马拉雅山脉的冰川在过去几十年里的确在不断生长和壮大，这与全球变暖导致冰川大幅度减少的论调背道而驰。不断扩大的冰川位于喜马拉雅山脉西侧靠近喀喇昆仑山脉的地方，正好处于中国、印度和巴基斯坦三国的交界处。因为这一地区地势复杂，很少有研究小组来这里进行实地考察，所以这个地

方的冰川到底发生着怎样的变化，学术界也是知之甚少。好在人类发明了观测卫星，正是通过观测卫星的实时观测，国外研究小组才拿到证明喜马拉雅冰川正在生长壮大的第一手资料。

至于为什么喜马拉雅冰川会在逆境中生长壮大，该研究小组无法给出正确的答案。一些研究专家认为造成喜马拉雅冰川持续增长的原因就是全球变暖。这样一来大家就有些糊涂了，全球变暖不就是冰川大幅度消融的罪魁祸首吗？怎么又会让冰川生长呢？全球变暖改变了喜马拉雅山脉地区的气候，使那里的降雨量逐渐增加。当降雨发生在寒冷地带的时候，雨水就会结成冰，使冰川慢慢生长壮大。

"喜马拉雅冰川到底在消融还是在生长我们暂且不讨论了。"卡尔大叔合上尤丝小姐悉心准备的资料,对史小龙他们说道,"接下来咱们探索一下发生在喜马拉雅山脉的稀奇事儿吧。"

"太好啦!"帅帅拍着手掌欢呼起来。

卡尔大叔示意帅帅安静,然后说道:"我现在要带大家认识的就是世界上最神秘的动物——喜马拉雅山雪人!"

提到喜马拉雅山就不得不提被世人称为"夜帝"的雪人了。"夜帝"在藏语里指的是"住在岩石上的动物"。传闻中的雪人是在喜马拉雅冰川中出没的外形和人类相似的动物。那么它到底长什么样子呢? 在

流传已久的西藏传说中有一个大概的描述：雪人是一种周身长满灰黄色毛发的半人半猿类动物，其身高在1.5米到4.6米之间不等，身体健壮四肢强劲有力，行动速度飞快。有关喜马拉雅山雪人的传说最早要追溯到公元前326年，从那时候起，人们发现雪人踪迹的传说就没有停歇过。在19世纪以前，喜马拉雅山雪人只出现在传说中，并没有人真正见过它们。直到1848年，发生在中国西藏的雪人袭人事件被公布于众之后，各方专家这才意识到喜马拉雅山雪人有可能真实存在。这件事发生在中国西藏墨脱县的西宫村，这个村的村民桑达在喜马拉雅山打猎的时候遭到不明生物的袭击而死亡，不久之后桑达的尸体被村民们发现，让大家感到奇怪的是，桑达的尸体并没有腐烂却散发着难以忍受的臭味，这些臭味就是从尸体上的伤口处散发出来的。这些伤口看起来很特别，并非常见猛兽所为。一些相信有雪人存在的村民便说桑达是被雪人杀死的。但也有

人说那些伤口并非雪人所为，也有可能是出没在喜马拉雅山冰川附近的熊或者其他猛兽干的。但是又有什么动物会在人的尸体上留下散发着奇臭的伤口呢？雪人袭人事件最终归于平静，因为没人拿得出能够证实桑达就是被雪人杀死的证据，雪人再次成为喜马拉雅山脉的神秘传说。

那么喜马拉雅山雪人真的像传说中那样凶猛、嗜血如命吗？答案是否定的。因为在桑达遇袭前后，喜马拉雅山雪人救人的事情也多次发生。1938 年，时任加尔各答维多利亚纪念馆馆长的奥维古前往喜马拉雅山探险。攀登途中，奥维古遇到了暴风雪，因为他遇险的地方荒无人烟，加上雪光非常强烈，照得他无法睁眼分辨前方的路。毫无办法的奥维古只好等待着死神把他带走。就在奥维古奄奄一息的时候，不知道从哪里跑来一个身高 3 米多的动物帮奥维古挡住了风雪。这个大型动物在奥维古恢复意识之前就神秘消失了，它什么也没有留下，只在奥维古身上留下了像狐臭一样的气味。据奥维古亲口所述，

当年救他的那个个子很高的动物就是喜
马拉雅山雪人。

雪人救人事件并没有就此停止，接下来幸运获救的人是一名来
自尼泊尔夏尔巴族的姑娘。1975 年，这位姑娘像往常一样进入喜马
拉雅山打柴，殊不知刚刚攀上山地的她就被一只凶猛的雪豹盯上
了。不久，雪豹向这个姑娘发起进攻。就在这千钧一发之际，
一个雪人模样的动物从树丛里蹿了出来。这个动物与
雪豹展开搏斗，从而搭救了那个幸运的姑娘。

1951 年，英国的登山队在攀登珠
穆朗玛峰的时候发现一些疑似雪人足迹

的脚印，这些脚印很大，长 31.3 厘米，宽 18.8 厘米，并且拇指向外张开。按这些脚印推算，喜马拉雅山雪人的身高很有可能为三四米。为留下证据，登山队员用相机拍下了清晰的照片。据当初拍下这张照片的登山队员叙述，这些脚印是在一处冰面上发现的，当时这片冰面上覆盖着一层薄雪。

1960 年的时候，一名热衷于登山探险的瑞士探险家又一次对喜马拉雅山脉进行了探险活动，这一次他带上了价值百万的先进装备，同时还邀请到了著名冒险家戴斯蒙德·道伊格。在这次探险活动中，一位喇嘛送给他们几块雪人的毛皮，其中有一块保存完好的带发头皮。结合传说中的喜马拉雅山雪人的外貌特征，这些探险者非常肯定

他们得到的那几块毛皮就是喜马拉雅山雪人的。于是，他们非常兴奋地把那些毛皮带了回去，并四处宣扬。后来经科学研究证明，他们得到的那几块毛皮只不过是用羚羊皮伪造而成的，根本就不是什么雪人毛皮。

虽然这些探索者因假雪人皮毛遭到不少人的讥笑，但这并没有妨碍人类继续探索雪人的脚步。到了 2002 年，人类才首次找到能够证实喜马拉雅山雪人确实存在的证据。这一年，英国牛津大学的动物学家在喜马拉雅山脉的一棵树上找到一些疑似雪人毛发的东西。经过仔细研究之后，动物学家发现，这些毛发里的脱氧核糖核酸（DNA）是一个全新物种的脱氧核糖核酸，它不属于任何已知的动物！看来这些毛发很有可能就是

传说中喜马拉雅山雪人的了。

　　不久之后，一支考察队开赴传说中喜马拉雅山雪人经常出没的区域。一天晚上，考察队里的向导在海拔 2850 米的谷地中发现了雪人足迹，在取得了大量的影像资料之后，随行的专家还制作了一个雪人足迹模型。这些证据的发现使得更多人相信喜马拉雅山雪人的真实性。相关科学家宣布，那些脚印属于一种全身长满黑毛，后背微驼，能直立行走的类猿人动物，这种动物就是传说中的雪人！

知识百宝箱

喜马拉雅山雪人尸体

一位探险家在喜马拉雅山原始森林中找到一具和人类比较相似的尸体，尸体身高2.7米，重达300千克，这具尸体的各项外貌特征都和传说中的喜马拉雅山雪人一一对应。传说，这具尸体后来出售给了一位神秘人士，在这之后就神奇地消失在人们的视线里。一些动物学家开始质疑这件事情的真实性，他们认为，那具雪人尸体可能只是模型而已。

"不管怎么说，我还是有些不相信喜马拉雅山雪人真的存在。"在卡尔大叔短暂休息的时候，秀芬这样对史小龙和帅帅说道。

史小龙说道："都找到尸体了，你还不相信啊？"

帅帅补充道："不是说那具尸体神秘消失了吗？"

秀芬说道："就是呀，要是真的是雪人尸体，为什么消失了呢！"

"怎么可能是假的！"史小龙一点儿都不退步地反驳道。这时候卡尔大叔端着一杯茶回到工作室，他见大家吵得不可开交，便说道："你们不要吵了，关于喜马拉雅山雪人的发现之旅我还没说完呢，等我讲完你们就知道它是真还是假了。"说完，他又开始了有趣的讲述。

格鲁吉亚考古学家认为雪人是真实存在的一种动物。他们经过大量考古研究之后指出，格鲁吉亚民间传说中的巨人就是雪人的一种，它们生活在 25000 年前的格鲁吉亚哈拉加乌尔地区。和喜马拉雅山雪人一样，这类雪人也非常高大，全身长毛，经常出没于人迹罕至的高山之中。为了使更多人支持他们的观点，格鲁吉亚考古学家还拿出了他们发现的巨人头颅化石。这个颅骨是正常人颅骨的 3 倍大，由此可以推测出长着这种头颅的人身高超过 3 米。那么"格鲁吉亚巨人"真的就是雪人吗？它们和喜马拉雅山雪人有什么关系呢？这些问题谁也无法给出完美的答案。为了解开雪人之谜，越来越多的科学家奔赴喜马拉雅山脉，意大利著名探险家霍尔德·梅斯纳就是其中之一。

　　1986 年，梅斯纳只身前往喜马拉雅山脉。一天黄昏，当他爬上一个陡峭的山坡时，前面茂密的树林中似乎有动物发出沙沙的响声。就在梅斯纳抬头观察那个方向的时候，一个又高又大，全身毛茸茸的黑色动物冒了出来。这个黑家伙在吓了梅斯纳一大跳之后就转身蹿进树林之中。这到底是个什么东西？梅斯纳脑子里立即冒出许多动物，但是没有一个像眼前这个黑家伙，梅斯纳决定跟过去看一下。

随后，梅斯纳发现，这个全身长毛的黑家伙的行动速度非常快，有时候驼着背在地上爬行，有时候又像人一样直立奔跑，不管是树林之中的嶙峋怪石还是荆棘藤条都无法减慢它的奔跑速度。借着月光，梅斯纳目测这个黑家伙的身高有 3 米多，它的胳膊很长但腿却稍短。不久，这个黑家伙不知道被什么东西惹怒了，开始发出嘶嘶的声音，梅斯纳远远地看到了它的面部。在月光下，梅斯纳隐约看见了这个黑家伙的面部特征，它的牙齿非常白，并且十分锋利；它的眼睛很小，但却闪闪发亮。此外，它的脸皮很黑，跟黑猩猩有得一比。在梅斯纳观察这一切的时候，那个黑家伙突然朝梅斯纳咆哮起来，看来它很不喜欢被梅斯纳跟着。咆哮和龇牙咧嘴好几秒之后，这个黑家伙见梅斯纳无动于衷，于是飞快地冲进

树林，瞬间就消失在梅斯纳的视线里。

这一定就是喜马拉雅山雪人！梅斯纳这样想着，虽然把雪人跟丢了让他有些懊恼，但随后他又开始兴奋起来。从此，梅斯纳开始在喜马拉雅山脉寻找雪人的踪迹，并一直寻找了整整 12 年。12 年之后，梅斯纳得出了一个惊人的答案——喜马拉雅山雪人原来就是棕熊而已！他还决定把自己的发现之旅写成书，就是为了告诉大家喜马拉雅山雪人根本就不是"雪人"，只不过是喜马拉雅山棕熊罢了。

既然喜马拉雅山雪人是棕熊，那些留在山谷雪地里的大脚印又作何解释呢？那些脚印怎么看都不可能是依靠四只脚行走的棕熊所留下的，除非棕熊也学会了直立行走，但那怎么可能呢？

梅斯纳最终给出了正确答案，经过十几年考察之后他非常肯定地指出，那些脚印就是棕熊留下的。因为喜马拉雅山大棕熊的行走方式与其他熊不同，在行走的时候它们的两只后脚掌正好踩在两只前脚掌所留下的脚印里，所以我们才会看见它们所留下的脚印就像能够直立行走的动物留下的。

卡尔大叔把雪人的发现之旅讲完之后，史小龙和秀芬一样表示难以置信，他喊道："太没劲了，搞了半天喜马拉雅山雪人是棕熊啊，难道就没人表示怀疑吗？"

"不管你信不信，反正就目前掌握的资料来说，喜马拉雅山雪人的确只是棕熊而已！"卡尔大叔笑了笑，说道，"该休息一下了，明天还有更神奇的东西等待着大家呢！"

第十四章

藏匿在山川深处的洞穴

今天是星期天，史小龙一大清早叫喊上秀芬和帅帅跑到卡尔大叔家里去玩耍。他们还在激烈讨论喜马拉雅山雪人到底是不是棕熊的问题。尤丝小姐给他们解释了半天之后，卡尔大叔终于带着一本厚厚的册子出现了。他翻开册子，面带微笑地说道："我这里又有神秘的东西哦！"

"是不是喜马拉雅山雪人又有新消息啦？"秀芬问道。

卡尔大叔神秘地摇着头说道："今天我要告诉你们的是，在喜马拉雅山脉里找到的洞穴，那个洞穴……"

史小龙兴奋地打断了卡尔大叔的话，比画着喊道："我知道了，是不是悬崖峭壁上的洞穴呀，咱们快去找那个洞，搞不好我会发现武功秘籍呢！"

卡尔大叔微笑着回应道："不，这些洞穴是更加有趣的存在哦！"接着，便为大家讲解起来。

探索者们在喜马拉雅山脉的洞穴里没有找到史小龙所说的武功秘籍，但这并不代表那些洞穴就没有值得研究和探索的意义。据首先发现喜马拉雅山洞穴的登山家莱纳·奥兹图克所述，在喜马拉雅山区发现的洞穴里存放着很多手稿，奥兹图克取走了一些手稿并拿给考古学家进行研究。

虽然在喜马拉雅山深处的洞穴里藏有大量的宝贵文物，但自奥兹图克之后就很少有人到那里进行考古研究。

另一个研究小组在峭壁上的洞穴

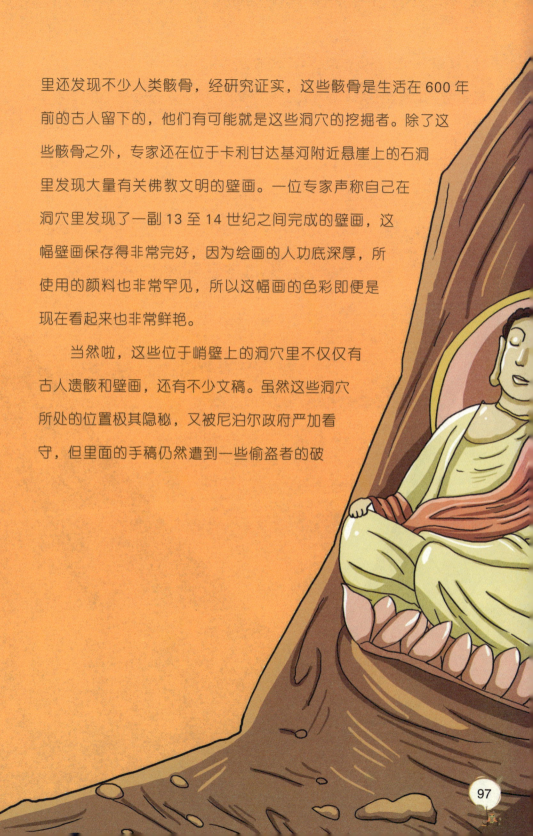

里还发现不少人类骸骨，经研究证实，这些骸骨是生活在 600 年前的古人留下的，他们有可能就是这些洞穴的挖掘者。除了这些骸骨之外，专家还在位于卡利甘达基河附近悬崖上的石洞里发现大量有关佛教文明的壁画。一位专家声称自己在洞穴里发现了一副 13 至 14 世纪之间完成的壁画，这幅壁画保存得非常完好，因为绘画的人功底深厚，所使用的颜料也非常罕见，所以这幅画的色彩即便是现在看起来也非常鲜艳。

　　当然啦，这些位于峭壁上的洞穴里不仅仅有古人遗骸和壁画，还有不少文稿。虽然这些洞穴所处的位置极其隐秘，又被尼泊尔政府严加看守，但里面的手稿仍然遭到一些偷盗者的破坏。专家指出，曾到过这些洞穴的偷盗者可能遇到了什么事情，因为现场留下的痕迹显示那些偷盗者有可能来不及把所有手稿都拿走就匆匆离开了。研究小组在洞穴里整理出大约 30 卷文字资料，其中有一些非常珍贵的宗教类手稿。那为什么这些手稿能够保存到现在都不腐烂呢？原来呀，这些洞穴所处的位置是喜马拉雅山脉偏远地区，气候寒冷而干燥，所以存放在洞穴里的手稿能够数百年都不腐烂，上面的字迹仍然清晰可见。

第十五章

15

关于外星人的传说

史小龙最近看了一些科幻电影，成天拿着一个飞碟模型跟帅帅吹牛，就连卡尔大叔讲述的喜马拉雅山脉神秘故事都吸引不了他。这天，卡尔大叔一出现就卖起关子来："小龙，听说你最近比较关注外星人？"

史小龙点点头说道："是呀，外星人可比你讲的喜马拉雅山的知识有趣多了！"

秀芬没好气地说："小龙，你的见识真是少，难道你不知道人们在喜马拉雅山脉中也多次发现过外星人的踪迹吗？"

“真的吗？”史小龙将信将疑。

卡尔大叔把他们领进工作室，打开电脑，然后说道：“秀芬说得一点儿都没错，前不久就有人发现外星人的飞碟出现在喜马拉雅山脉地区！

“大家不用怀疑，因为已经有很多人声称他们在喜马拉雅山脉地区看到过外星人或外星人的飞碟。这些人当中有声名在外的专家学者、有普通的百姓，也有政府及军事人员。虽然如此，但因为大家都没有留下真实可信的证据，所以喜马拉雅山脉地区到底有没有外星人光顾，还是个很大的谜团。

“前不久，一些喜马拉雅山脉南侧的朝圣者在登山途中发现天空中出现非常奇怪的光线。与此同时，旅行团的不少游客也发现了出现在天空中的奇异光线。而旅行团的导游则建议游客不要大惊小怪，因为那些光线是喜马拉雅山脉中经常出现的自然现象。

"当大家渐渐淡忘'外星光芒'这件事的时候，一位作家指出喜马拉雅山脉的拉达克地区的确存在外星人，这些外星人甚至在那里建造了飞碟基地。为了一探究竟，联合国外星人研究小组的约翰·马利博士亲自去到拉达克地区。经过一番走访调查之后，马利博士惊呆了！

"当马利博士问及外星人是否存在的问题时，当地人似乎非常不屑于回答，他们甚至还嘲笑马利博士。造成当地居民如此对待马利博

士的原因是外星人在喜马拉雅山脉活动是当地人尽皆知的一件事情。

　　"据科学家猜测，外星人的飞碟基地可能建造在亚欧板块与印度洋板块交界的地方。这里也是地质学家眼中最不稳定的地方，但是外星人为什么要把飞碟基地建在这么危险的地方呢？答案就在这一地区复杂的地质构造上。因为这一地区的地壳深度是其他地方的两三倍，这样的深度能够很好地隐藏外星人的飞碟基地，以避免被人类发现。"

　　史小龙在听完卡尔大叔说出最后一个字之后终于憋不住了，他喊道："说得跟真的一样，我哪知道那里有没有外星人。"

秀芬说道："反正我是相信的。"

"我没有去过拉达克地区，所以我也不知道事情的真相。"

卡尔大叔笑着说道，"是否有外星人光临过喜马拉雅山就得靠你

们去研究啦！"

第十六章

16

傲视全球的冰雪山峰

卡尔大叔带着秀芬、史小龙和帅帅去探索珠穆朗玛峰。史小龙早就抑制不住地兴奋起来，卡尔大叔问道："看起来你很了解珠穆朗玛峰啊！"

"当然啦，它可是世界最高峰！"史小龙回答道。

卡尔大叔说道："在西方学术界，珠穆朗玛峰被称为'额菲尔士峰'，这个名字是用来纪念探测喜马拉雅山脉的乔治·额菲尔士的。

珠穆朗玛峰终年冰雪覆盖，整体形状就像一座雪白的巨型金字塔，巍峨地耸立在喜马拉雅山脉的群山之中。目前，珠穆朗玛峰的海拔高度为 8848.86 米。珠穆朗玛峰上覆盖的冰川面积约为 1 万平方千米，平均厚度为 7260 米。这些冰川环境极为复杂和恶劣，里面有

罕见的冰塔林、陡峭的冰陡崖、陷阱重重的冰缝隙和冰崩雪崩区。所以说，攀登珠穆朗玛峰是需要很大勇气的，只要稍不留神，就有可能陷入危险境地。珠穆朗玛峰的雪线以上基本上就是生命禁区了，自古至今不知有多少登山冒险者葬身于此。不过，千万不要以为这种地方就没有生物了，除了此前提到的几种耐寒藻类之外，在海拔 6000 米左右的地方生长着传说中的仙物——雪莲！

  雪线以下的珠穆朗玛峰就安全很多了，这里比雪线之上也有活力多了！其南边因为气温稍高，多雨雪并且空气湿润，所以那里的植被要比北边丰富很多。南边海拔 4500 米以上的地方分布着高原植被，一些珍贵的药材就生长在这些地方，比如雪灵芝。

生活在珠穆朗玛峰上的动物种类也很多，这些动物中不乏珍禽异兽，比如长臂猿、藏熊、雪豹、孔雀、藏羚羊等等。其中，雪豹已经成为整个珠峰自然保护区的标志性动物，世界各地的动物学家都会为了一睹雪豹真容而来到这个极寒之地。"

　　"我以为珠穆朗玛峰上只有冰和雪呢，没想到它还是一座动植物园呢！"史小龙他们听完卡尔大叔的讲述之后发出了感叹。

　　卡尔大叔说道："你们没想到的多着呢！"

卡尔大叔才休息了片刻，史小龙、帅帅和秀芬这三个小朋友就为"到底是谁最先发现珠穆朗玛峰"这个问题而争吵了起来。

秀芬坚持认为第一个发现珠峰的人是我们中国元朝时期的探索者，史小龙则认为首先发现珠峰的是外国人，而帅帅则认为先发现珠峰的人是我们中国清朝时期的科学家。总之，这3人争得不可开交，最后还把卡尔大叔从房间里给吵了出来，卡尔大叔听了他们的争论后，向他们详细解说起来。

人类最早关于珠穆朗玛峰的探索发生在元朝，相传元朝探

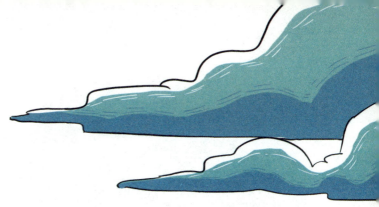

险者那时候已经给珠穆朗玛峰取了名字，叫作"次仁玛"。据元朝《红史》记载，我国宋代的西藏高僧米拉日巴曾经就在"次仁玛"上的山洞里修行过9年。而另一种传说是，1773年，英国殖民者抵达东南亚，不久之后就在喜马拉雅山脉南侧的大片区域内建立起殖民地，随着殖民者而来的英国科学家不久之后就开始探测喜马拉雅山脉。由于当时的攀登设备和技术比较落后，英国科学家一开始并没有盲目地进入喜马拉雅山，而是采用遥测的方式测量喜马拉雅山脉。由于他们并不知道喜马拉雅山脉中的高峰叫什么名字，所以就采用阿拉伯数字编码的方式记住那些高峰，其中珠穆朗玛峰就被他们编为"第15号山峰"。1858年，英国科学家将他们口中的"第15号峰"命名为"额菲尔士峰"，至此英国人首次发现和命名珠穆朗玛峰的事情就算告一段落了。这虽然是英国科学家的首次发现，但是却比我国清朝的胜住等3人足足晚了130多年。

秀芬说道："听卡尔大叔说了这么多，还真有点想去珠穆朗玛峰瞧一瞧呀！"

史小龙点头赞同道："对呀！"

帅帅提出了疑问："可是，我们不可能直接就奔珠穆朗玛峰去吧，是不是应该有一个计划呢？"

"你们几个又在密谋什么呀？"卡尔大叔问他们。

秀芬说："我们刚才在说要是想去珠穆朗玛峰游玩的话该怎么计划，是不是直接就去攀登珠穆朗玛峰了？"

卡尔大叔说道："为进一步规范珠峰旅游活动，强化珠峰保护区生态环境监管，2018年12月5日，西藏自治区有关部门发布公告，宣布'从即日起禁止任何单位和个人进入珠峰国家级自然保护区绒布寺以上核心区旅游'。但指的是普通游客禁止前往珠峰保护区核心区，依法依规的登山运动、科考以及地质灾害研究等仍可进行。大众游客虽不能进入大本营，但可以在绒布寺附近的实验区进行参观游览，并不影响观览珠峰景色。"

孩子们虽然有点儿失望，但爱护环境人人有责。

从1953年人类首次登顶珠峰之后，越来越多的人投入到征服珠穆朗玛峰的活动中来，去珠穆朗玛峰攀登渐

渐成为一项大受欢迎的探险活动。在珠穆朗玛峰对游人开放之后，每年都有好几万人慕名前来。为了保护珠穆朗玛峰核心区域的环境，中国政府在珠穆朗玛峰所在地区设立了一片供探险者和游人驻扎、休息的场所，这就是珠峰大本营。

珠峰大本营位于海拔 5200 米的地方，离珠穆朗玛峰峰顶的直线距离为 19 千米。不论是游人还是探险者在前往珠穆朗玛峰之前最好在珠峰大本营里休息一下，一方面可以调整状态，另一方面还可以在营地里补充供给，以利于接下来的攀登。珠峰大本营以前是不允许汽车进入的，来到这里的游客在日喀则的绒布寺就必须从汽车上下来步行，或者换骑马前往 7 千米外的珠峰大本营。如今管理方已经建立起专门的运输线路，用来接送往来旅客，同时管理方现在还允许排放达标的车辆进入大本营。所以相对于以前的探索者来说，我们要轻松许多。

珠峰大本营里面有大型藏族帐篷，帐篷里设有商店、茶馆及旅店，这些帐篷所需的电能靠太阳能电池提供。现在，大本营里面已经建立了一座邮局，游客们可以通过邮局发送信件和包裹。珠峰大本营里建造了两座公共厕所，除此之外就再没有真正的建筑物了。管理方称这样做是为了保护珠峰脚下的生态环境。

每年4月初到5月中旬这段时间是攀登珠穆朗玛峰的最佳时期，如果你在这个时候抵达珠峰大本营的话，就一定会被眼前的场景给惊

呆。因为，你会发现这里变成了人声鼎沸的集市，来自全世界的珠峰攀登爱好者集聚在一起。大本营的宽阔地带将会被很多帐篷覆盖，都是前去攀登珠穆朗玛峰的登山者驻扎起来的。密密麻麻的帐篷连在一起非常壮观，让人有一种说不出的震撼感。

因为珠峰大本营所处的地方非常开阔，地势也较为平坦，每当艳阳高照的时候，我们就有可能欣赏到美轮美奂的珠峰旗云。假如有这样的机会，你千万不要犹豫，一定记得干脆利落地按下相机的快门，拍下它。珠峰旗云其实就是一些飘浮在高峰峰顶附近的对流性积云。为什么它总是会受到珠峰攀登者的重点关注呢？原因就在于攀登

者可以通过观察珠峰旗云的飘浮位置和飘浮高度来推测珠峰上的风力大小。一般来说，旗云的飘浮位置往上移就说明高空的风速很小，反之则说明高空的风力很强劲。此外，如果旗云的飘浮高度和峰顶齐平则说明峰顶附近的风力将达到 9 级。因此，珠峰获得了"世界最高风向标"的美称。

珠穆朗玛峰作为世界第一高峰，其雄伟险峻，一直吸引着许多登山爱好者前往。为此，政府不仅出台了保护条例，并对登山垃圾进行清理，尽量减少对珠峰生态环境的影响。